LIBRAIRIE HACHETTE & Cie, PARIS

Ad. WURTZ

DEUXIÈME SUPPLÉMENT

au

DICTIONNAIRE DE CHIMIE
PURE ET APPLIQUÉE

PUBLIÉ SOUS LA DIRECTION DE

CH. FRIEDEL	C. CHABRIÉ
Membre de l'Institut	Chargé de cours à la Faculté
Académie des Sciences	des Sciences de l'Université de Paris.
(Lettres A à H)	(Lettres H à Z)

AVEC LA COLLABORATION DE MM.

V. Auger — E. Baud — G. Baume — M. Billy — A. Binet du Jassonneix G. Blanc — A. Bouchonnet — L. Bourgeois — A. Bouzat — R. Cambier P. Carré — Mme C. Chabrié — L. P. Clerc — G. Darier — E. Defacqz M. Delacre — M. Delépine — A. Ditte (de l'Institut) — H. Duval A. Fernbach — H. Fonzes-Diacon — R. de Forcrand — P. Freundler G. Friedel — J. Friedel — A. Gautier (de l'Institut) — H. Giran — A. de Gramont — A. Granger — M. Guichard — Ph. A. Guye — A. Haller (de l'Institut) — J. Hamonet — A. Hébert — E Lambling — Ch. Lauth J. Lavaux — P. Lebeau — G. Lemoine (de l'Institut) — P. Lemoult L. Lindet — A. et F. Lumière — A. Mailhe — F. March — Ch. Marie R. Marquis — C. Martine — C. Matignon — R. Metzner — H. Moissan (de l'Institut) — M. Moniotte — Ch. Moureu — A. Müntz (de l'Institut) — A. Rigaut — P. Sabatier — J.-B. Senderens — A. Seyewetz — V. Thomas — M. Tiffeneau — L. Troost (de l'Institut) — G. Urbain — A. Valeur — L. Vigouroux — A. Wahl — R. Wurtz.

E. RENGADE, Secrétaire de la Rédaction

En cours de publication par fascicules grand in-8 à 2 francs

En vente (Janvier 1907)

Tome Ier (A-B) 1 vol. broché 20 fr.	Tome III. (D-E) 1 vol. broché 20 fr.
— II (C) — — 20 fr.	— IV. (F-G) — — 24 fr.

Tome V (H). 1 vol. broché . . . . 16 fr.

La demi-reliure en veau, plats papier, se paye en sus 3 fr. 50 par vol.

Le DEUXIÈME SUPPLÉMENT AU DICTIONNAIRE DE CHIMIE sera terminé très rapidement.

Il comprendra environ 70 fascicules, soit 7 volumes in-8; 60 fascicules sont en vente : la publication complète sera terminée avant le 1er Octobre 1908.

LIBRAIRIE HACHETTE & Cie, PARIS

J.-A. BARRAL

ANCIEN SECRÉTAIRE PERPÉTUEL DE LA SOCIÉTÉ NATIONALE D'AGRICULTURE DE FRANCE

ANCIEN DIRECTEUR DU *Journal de l'Agriculture*

DICTIONNAIRE
D'AGRICULTURE

ENCYCLOPÉDIE AGRICOLE COMPLÈTE

Ouvrage renfermant la culture des terres, l'élevage et l'entretien des animaux domestiques, la viticulture, la culture maraîchère et fruitière, l'horticulture, la sylviculture, la sériciculture, la pisciculture, la chasse, la pêche, l'apiculture, l'entomologie agricole, les industries annexées aux exploitations rurales, la mécanique agricole, l'architecture rurale, l'art vétérinaire, l'économie et la législation rurales, les irrigations et le drainage, la géographie et la biographie agricoles, la comptabilité, l'hygiène rurale, etc.

CONTINUÉ SOUS LA DIRECTION DE

HENRY SAGNIER

RÉDACTEUR EN CHEF DU *Journal de l'Agriculture*

AVEC LA COLLABORATION DE

Plusieurs Professeurs et Membres de Sociétés Savantes

Contenant plus de 3000 figures

4 volumes grand in-8, brochés . . . . 91 fr.

On vend séparément :

Tome   I (A.-B.), fascicules I à VI. 1 vol. . . . . 21 fr.

Tome II (C.-F.), fascicules VII à XIII. 1 vol. . . . . . 24 fr. 50

Tome III (G.-O.), fascicules XIV à XIX. 1 vol. . . . . . 21 fr.

Tome IV (P.-Z), fascicules de XX à XXVI. 1 vol. . . . . 24 fr. 50

La reliure en demi-veau, tranches rouges, se paye en sus par volume, 3 fr. 50

Le Houblon

ENCYCLOPÉDIE
DES CONNAISSANCES AGRICOLES

PUBLIÉE PAR UNE RÉUNION DE MEMBRES DE L'ENSEIGNEMENT AGRICOLE

SOUS LE PATRONAGE DE MM.

ADOLPHE CARNOT | **ED. MAMELLE**
Membre de l'Institut. | Sous-Directeur de l'Agriculture.

ET SOUS LA DIRECTION DE

E. CHANCRIN
Ingénieur agronome, Directeur d'École d'Agriculture.

FORMAT IN-16, CARTONNÉ

Les volumes parus sont indiqués par un astérisque ✶

I. — NOTIONS GÉNÉRALES SUR LES SCIENCES APPLIQUÉES A L'AGRICULTURE

✶ **Chimie générale appliquée à l'Agriculture,** par E. Chancrin, Directeur de l'École de viticulture et d'agriculture de Beaune. Un vol. 2 50

✶ **Chimie agricole,** par E. Chancrin, Directeur de l'École de viticulture et d'agriculture de Beaune. Un vol. 2 50

Physique et météorologie agricole. Un vol. . . . . . . » »

Histoire naturelle générale. Un vol. . . . . » »

Zoologie agricole. Un vol. . . . . » »

Botanique agricole. Un vol. . . . . » »

Géologie agricole. Un vol. . . . . » »

Microbiologie agricole. Un vol. . . . . » »

II. — AGRICULTURE

Agriculture générale (Culture et amélioration du sol), par M. Ed. Rabaté, Professeur départemental d'agriculture de Lot-et-Garonne. Un vol. . . . . » »

Agriculture spéciale. Un vol. . . . . » »

Les Céréales, par A. Desriot, Directeur de l'École d'agriculture de l'Allier. Un vol. . . . . *(Sous presse)* » »

✶ *Les Prairies,* par M. Malpeaux, Directeur de l'École d'agriculture du Pas-de-Calais. Un vol. 1 50

Les Plantes sarclées (Betterave, pomme de terre, etc.), par M. Malpeaux, Directeur de l'École d'agriculture du Pas-de-Calais. Un vol. . . . . *(Sous presse)* » »

Les Plantes industrielles. Un vol. . . . . » »

Les Plantes oléagineuses, par M. Malpeaux, Directeur de l'École d'agriculture du Pas-de-Calais. Un vol. . . . . . . » »

✶ *Les Plantes textiles,* par L. Bonnétat, Professeur à l'École d'agriculture de la Vendée. Un vol. . . . . 50 c.

Le Tabac, par F. de Conftvron, Vérificateur de la culture des tabacs. Un vol. . . . . 75 c.

Le Houblon, par G. Moreau, Professeur de brasserie à l'École nationale des industries agricoles de Douai. Un vol. . . . . . . 75 c.

Culture potagère. Un vol. . . . . » »

Arboriculture. Un vol. . . . . » »

✶ **Viticulture moderne,** par E. Chancrin, Directeur de l'École de viticulture et d'agriculture de Beaune. Un vol. . . . . . . 3 »

ENCYCLOPÉDIE
DES CONNAISSANCES AGRICOLES
(Suite)

III. — LES ANIMAUX

IV. — GÉNIE RURAL

V. — ÉCONOMIE. LÉGISLATION. COMPTABILITÉ

HOUBLONNIÈRE SUR PERCHES.

HOUBLONNIÈRE SUR FILS DE FER.

ENCYCLOPÉDIE DES CONNAISSANCES AGRICOLES

Publiée sous le Patronage de MM. ADOLPHE CARNOT, Membre de l'Institut,
et Ed. MAMELLE, Sous-Directeur de l'Agriculture
et sous la Direction de M. E. CHANCRIN, Directeur d'École d'agriculture

Le Houblon

PAR

G. MOREAU

Professeur à l'École nationale des Industries agricoles de Douai

HOUBLON DE BOURGOGNE

PARIS

LIBRAIRIE HACHETTE ET Cie

79, BOULEVARD SAINT-GERMAIN, 79

1908

NOTE DE L'ÉDITEUR

La collection complète de l'Encyclopédie des Connaissances agricoles sera accompagnée d'un petit volume classant par ordre alphabétique toutes les matières qu'elle contient et permettant au lecteur de se servir de l'Encyclopédie comme d'un dictionnaire.

PRÉFACE GÉNÉRALE

PAR

ADOLPHE CARNOT
Membre de l'Institut.

Un Romain qui savait faire valoir ses terres et qui a écrit, il y a deux mille ans environ, un remarquable traité d'agriculture, Columelle, s'étonnait que l'on n'enseignât pas les travaux des champs, les soins à donner aux animaux domestiques, aux arbres fruitiers, aux vignobles, aux abeilles, etc., pendant que d'autres arts, moins utiles à ses yeux, étaient en grande faveur à Rome.

« Je vois partout, disait-il, des écoles ouvertes aux rhéteurs,
« aux danseurs, aux musiciens: les cuisiniers et les barbiers
« sont en vogue; mais, pour l'art qui fertilise la terre, il n'y a
« rien, ni maîtres, ni élèves.... Et pourtant, quand même nous
« viendrions à perdre ceux qui professent toutes ces choses, la
« République pourrait encore avoir de beaux jours, car nos
« ancêtres, qui ne connaissaient point ces études et n'avaient
« même pas d'avocats, n'en furent pas plus malheureux; tandis
« que la Société humaine ne saurait se passer d'agriculture. »

Certes, depuis cette époque, il a été fait de grands progrès, surtout pendant les derniers siècles. La science, qui a révolutionné l'industrie, a de même rénové l'agriculture; elle a secoué la routine et porté la lumière dans les vieilles formules empiriques.

Nous ne pouvons plus dire, avec Columelle, qu'on n'enseigne pas l'agriculture; car, depuis 3o ans, en une foule de points de notre territoire, il a été créé des écoles où peuvent s'instruire un grand nombre de nos futurs agriculteurs. L'enseignement agricole supérieur, fondé chez nous avec l'*Institut agronomique* de Versailles en 1848, tout au début de la 2ᵉ République, a été, il est vrai, brusquement supprimé par l'Empire en 1852; mais il a été heureusement rétabli à Paris, en 1876, par la 3ᵉ République. Il a rendu depuis lors de signalés services, en même temps que les Écoles nationales d'agriculture de Grignon, de Rennes, de Montpellier, les Écoles pratiques d'agriculture, les Fermes-Écoles et les Écoles spéciales de laiterie, de viticulture, d'aviculture, etc., préparaient chaque année plusieurs centaines de jeunes gens à la pratique des bonnes méthodes agricoles.

C'est assurément beaucoup, et pourtant ce n'est pas assez; car l'instruction par des écoles spéciales ne peut atteindre qu'une infime minorité de cultivateurs. Songeons, en effet, que ceux-ci sont au nombre de 22 millions; et il n'y a que 82 établissements d'enseignement supérieur ou professionnel agricole! Aussi peut-on dire encore aujourd'hui, au vingtième siècle, que l'agriculture française souffre toujours d'une ignorance trop générale.

Il est urgent d'y porter remède. Pour le présent, il faut, le mieux possible, répandre l'instruction pratique dans le monde des cultivateurs. Pour l'avenir, il faudra que les enfants de la campagne trouvent à l'école primaire les éléments d'une instruction professionnelle, qui développe en eux le goût des occupations rurales et qui les prépare à les exercer fructueusement. Il le faut dans leur propre intérêt. Il le faut aussi dans l'intérêt de la France: car notre pays a besoin de pouvoir compter sur un personnel instruit et vaillant pour ne pas succomber dans les luttes économiques, qui ne peuvent que devenir de plus en plus ardentes.

Pour les cultivateurs praticiens, comme pour les élèves et pour leurs maîtres de l'école primaire ou de l'école normale, le meilleur outil à mettre entre leurs mains, c'est le livre, écrit pour eux, simple, clair et à bon marché, qui puisse leur servir d'appui ou de guide, où soient exposées les opérations de culture ou d'industrie agricole, avec la précision de détail nécessaire pour en assurer le succès.

Tel est le but que s'est proposé le distingué sous-Directeur de l'Agriculture, M. Mamelle, et qu'il s'est efforcé d'atteindre avec l'aide de son dévoué collaborateur, M. Chancrin, en créant une Encyclopédie des Connaissances agricoles.

Il existe déjà plusieurs encyclopédies d'agriculture, mais d'un caractère sensiblement différent. La plupart, à raison de leur étendue et de leur prix relativement élevé, s'adressent à un public plus instruit et plus fortuné; d'autres, en se maintenant dans des considérations trop générales, ne donnent pas satisfaction aux praticiens et vont plutôt à des amateurs, plus curieux de connaître les principes que les détails d'exécution des diverses opérations agricoles.

L'*Encyclopédie des Connaissances agricoles* s'attache, au contraire, à justifier son titre en fournissant aux cultivateurs et industriels, qui ont une instruction moyenne ou même élémentaire, les connaissances nécessaires à la pratique raisonnée de leur métier.

Elle comprend une série de petits volumes qui ont été écrits par des Membres de l'Enseignement agricole, spécialistes distingués, s'étant adonnés à la culture, à l'élevage du bétail, aux soins de la basse-cour, ou aux différentes industries agricoles. Non seulement les auteurs ont étudié de près les opérations qu'ils décrivent; mais leur habitude de l'enseignement a développé chez eux la faculté de vulgariser la science et d'en exposer méthodiquement les matières pour les faire bien comprendre du lecteur.

Les auteurs de l'*Encyclopédie des Connaissances agricoles* ont jugé utile de consacrer quelques-uns des petits volumes à l'exposé de notions scientifiques générales, que beaucoup de cultivateurs peuvent ignorer et qui sont cependant indispensables pour comprendre les explications techniques d'autres volumes. C'est ainsi que, pour rendre accessible à tous un volume de *Chimie agricole*, il a paru nécessaire de rédiger aussi un petit abrégé de *Chimie générale*, où se trouvent plus particulièrement expliqués les termes et les faits qui sont invoqués dans la chimie agricole. Il en est de même pour la physique et pour l'histoire naturelle appliquées à l'agriculture.

Les petits volumes de l'Encyclopédie seront particulièrement utiles aux élèves des Écoles pratiques d'Agriculture, qui ne peuvent pas toujours prendre des notes suffisantes en écoutant les leçons de leurs professeurs et qui y trouveront une source précieuse d'informations.

On peut croire qu'ils seront aussi fort appréciés des jeunes gens qui, après les études des lycées, des collèges ou des écoles primaires supérieures, voudront s'adonner aux occupations agricoles. Car, à côté de l'exposé précis de la pratique usuelle, ces petits livres leur présenteront la théorie qui l'explique et qui parfois leur permettra de l'améliorer.

ADOLPHE CARNOT,

Membre de l'Institut,
Ancien professeur à l'Institut agronomique,
Membre de la Société nationale d'Agriculture de France,
Ancien directeur de l'École supérieure des Mines.

LA
CULTURE DU HOUBLON

INTRODUCTION

Le houblon est d'origine asiatique et il a été introduit en Europe par les Slaves, qui l'ont propagé en Allemagne[1]. On croit que sa culture en France date du viii° siècle : il est, en effet, question de *houblonnières* dans des donations faites à des abbayes par Pépin le Bref et Charlemagne. Au moyen âge, il y avait d'importantes houblonnières en Normandie, d'où elles ont disparu vers le xiv° siècle, et dans les Flandres, où elles se sont conservées, mais sa culture n'existe en Alsace et en Lorraine que depuis 1789, et en Bourgogne depuis 1835.

Son emploi dans la fabrication de la bière est de date relativement récente. On croit que c'est dans les couvents, qui avaient créé d'importantes brasseries, qu'il a été utilisé pour la première fois dans la bière, et c'est, en effet, dans le voisinage des monastères que les premières houblonnières ont été installées, vers le vii° siècle. Mais son usage ne devint général que vers les ix° et x° siècles.

Le houblon est une plante exclusivement industrielle et qui ne s'emploie que pour la fabrication de la bière. Aussi, sa culture tient-elle une place importante dans les pays où la bière est la boisson habituelle.

Voici sur combien d'hectares environ le houblon est cultivé dans les principaux pays de production :

Allemagne	42.000	hectares.
Angleterre	22.000	—
Autriche	16.000	—
États-Unis	10.000	—
Belgique	4.000	—
Russie	4.000	—

---

[1]. Il s'agit du houblon cultivé. Le houblon sauvage était connu dans l'antiquité. Pline le cite sous le nom de *Lupus salictarius* et dit qu'on s'en servait comme médicament dans les affections scrofuleuses.

Ce sont la Bohême et la Bavière qui fournissent les houblons les plus réputés.

En France, la dernière statistique officielle, de 1905, donne les chiffres suivants :

DÉPARTEMENTS	SURFACE.	PRODUCTION.
	Hectares.	Quintaux.
Aisne..	46	368
Aube.	5	22
Charente-Inférieure..	9	90
Côte-d'Or	927	12.412
Loiret.	1	18
Marne (Haute-)..	97	679
Meurthe-et-Moselle..	609	5.237
Nord..	1.172	30.472
Pas-de-Calais..	10	50
Saône (Haute-).	20	140
Saône-et-Loire.	11	99
Somme..	5	80
Vosges.	9	90
Total.	2.989	49.757

Cette même année, notre exportation a été de 2756 quintaux, et notre importation de 17.556 quintaux[1].

La culture du houblon est coûteuse, d'abord par son installation, ensuite par son entretien et la main-d'œuvre qu'elle réclame. Mais si la fluctuation des cours, qui varient suivant l'abondance de la récolte et qu'influence aussi, malheureusement, la spéculation, faussent quelquefois les prix et font tomber la valeur du houblon au-dessous de son prix de revient, la culture, en général, est largement rémunératrice.

D'autre part, la fabrication de la bière, qui augmente de jour en jour, lui offre, de plus en plus, des débouchés assurés.

---

1. L'année 1905 a été une année exceptionnelle. En année ordinaire, la production française ne dépasse guère 40000 quintaux et la France demande à l'étranger le tiers, environ, de sa consommation, qui est de 51 à 55000 quintaux. Le droit d'entrée est de 45 francs au tarif maximum et de 30 francs au tarif minimum, le quintal.

CHAPITRE I

GÉNÉRALITÉS

1. Description. — Le houblon appartient à la famille des *Urticées* (Juss. — DC.). C'est une plante *dioïque*, c'est-à-dire dont les fleurs mâles et les fleurs femelles sont placées sur des sujets différents. La fleur femelle, appelée *cône*, à cause de sa forme résultant de l'assemblage des écailles (*folioles* ou *brac-tées*) qui la constituent, et qui contient le principe actif du houblon. la *lupuline*, est seule cultivée pour la fabrication de la bière [1].

Le cône est une inflorescence multiflore. Il comprend de 36 à 90 fleurs (48 en moyenne) sessiles, qui émergent d'une entre-feuille. Chaque fleur possède un ovaire et deux pistils plumeux qui, au lieu d'être enveloppés d'un calice, le sont d'une écaille (bractée) (fig. 1, *c*). A la floraison, les fleurs. étroitement rassemblées. apparaissent comme un petit pinceau rougeâtre. puis, les écailles grandissent de plus en plus. se recouvrant les unes les autres comme les tuiles d'un toit et, à la maturité, le capitule prend la forme d'un cône fermé (fig. 1, *a*),

Les bractées, très vertes au début, tournent au jaune verdâtre à la maturité et deviennent rougeâtres lorsque le cône, en se séchant, commence à se flétrir,

Les fleurs mâles (fig. 1, *f* et *g*) sont disposées en panicules, c'est-à-dire sur un axe qui porte des rameaux qui se ramifient eux-mêmes. Le périgone a 5 folioles et 5 étamines.

Les plants mâles doivent être rigoureusement écartés des houblonnières. et détruits dans leur voisinage. La fécondation des cônes femelles se fait aux dépens de la lupuline et a pour résultat de diminuer très sensiblement la qualité et la valeur marchande du produit.

La tige, grimpante et volubile (fig. 1, *b*), s'enroule autour d'un support (14) et peut atteindre une hauteur de 8 à 12 mètres. Elle est garnie de jets latéraux qui portent les fleurs à l'aisselle des feuilles.

Les feuilles. en forme de cœur et assez semblables à celles de la vigne. sont grossièrement découpées et dentelées en scie. Elles sont ordinaire-ment à 5 lobes. parfois à 3 seulement, surtout celles de la cime. La partie supérieure est vert sombre et rugueuse: la partie inférieure est vert pâle et pourvue de points résineux jaunâtres.

La plante est vivace par la racine. Celle-ci. cylindrique et rampante. étend ses radicelles par en bas et sur les côtés. En

---

1. Voir, pour la constitution du cône et la composition de la lupuline, *La Bière*, page 1, § 3 (*Encyclopédie des connaissances agricoles*).

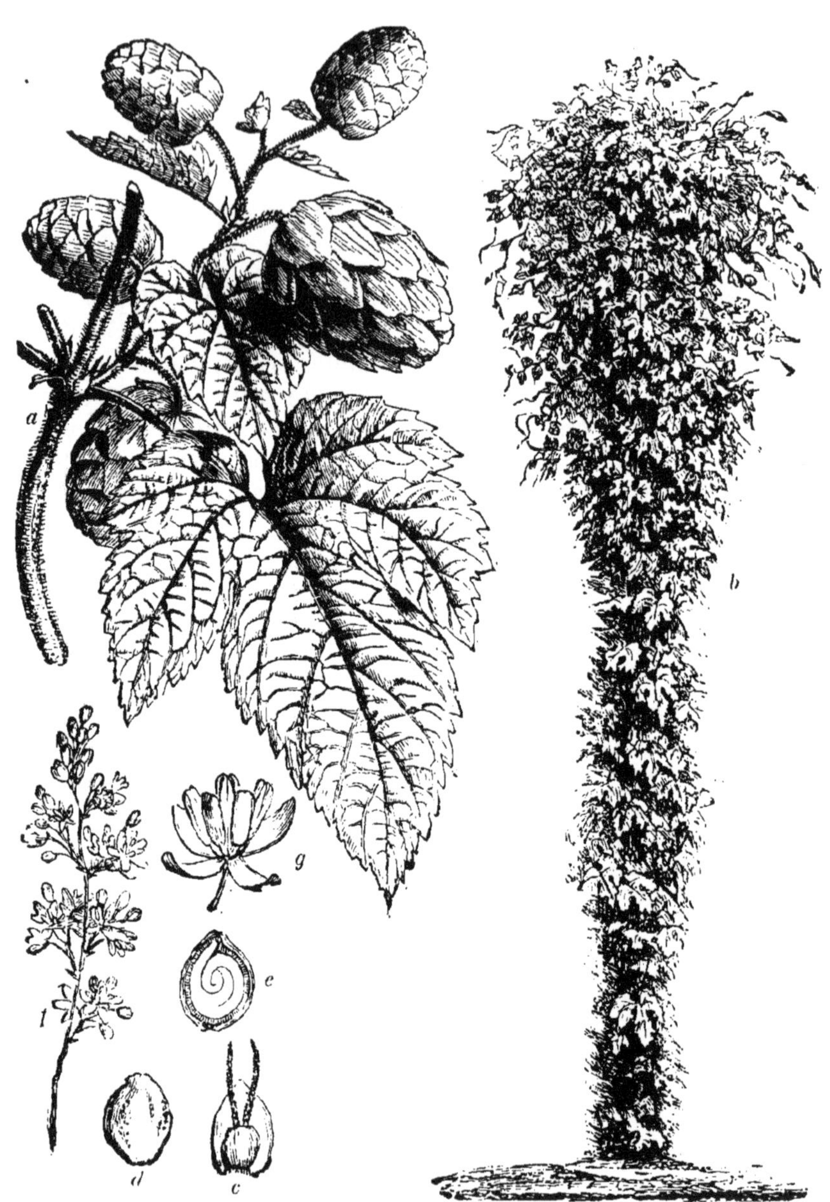

Fig. 1. — Le Houblon.

a, rameau avec feuilles et fleurs femelles (cônes).
b, tige de houblon enroulée sur son support.
c, ovaire muni de ses deux pistils.
d, graine.
e, graine ouverte laissant voir l'embryon en spirale.
f et g, fleurs mâles.

automne, après la récolte, on coupe la vieille tige au ras du sol. Au printemps suivant, la racine émet des rejets nombreux, parmi lesquels on choisit les sarments de l'année (18).

Une houblonnière peut vivre 25 ou 30 ans, et même davantage, sur le même terrain.

2. Classification. — On divise le houblon en *houblon rouge* et en *houblon vert*. Cette distinction est basée sur la couleur

FIG. 2. — HOUBLON DE BOURGOGNE.
Tige verte.

FIG. 3. — HOUBLON DE BOURGOGNE.
Tige rouge.

des sarments, qui sont rouges, ou rayés de rouge, pour le premier, d'un vert plus ou moins intense pour le second. Chacun

FIG. 4. — HOUBLON DE LORRAINE.

FIG. 5. — HOUBLON DU NORD.
Tige verte.

de ces groupes comprend des espèces hâtives et des espèces tardives[1]. Les houblons hâtifs mûrissent en août et les tardifs en septembre (22).

D'une façon générale, les houblons à tige rouge fournissent des cônes plus petits, plus fins et plus estimés. Mais ils sont plus délicats, moins résistants aux maladies et donnent moins de rendement à l'hectare. Les houblons à tige verte ont des cônes plus gros, de qualité moins appréciée; ils sont plus robustes et donnent une récolte plus abondante.

---

1. Il est d'usage de planter en partie du houblon hâtif et du houblon tardif, afin de mieux répartir le travail de la taille (18) et de la cueillette (23).

Le houblon à tige blanche, cultivé dans le Nord et en Belgique, est un houblon à tige vert-pâle, légèrement teintée de rouge.

Fig. 6. — Houblon du Nord.
Tige blanche.

Dans ce groupement général, il existe des variétés presque infinies de houblon suivant le climat, le sol, l'exposition ou les conditions de culture, dont les caractères sont peu précis et variables. La même variété peut donner des cônes de grandeur et d'aspect très différents (fig. 2 à 6).

On apprécie la valeur d'un houblon d'après la quantité de lupuline qu'il renferme et son arome plus ou moins accentué ou plus ou moins fin.

En règle générale, la qualité du houblon est en raison inverse de la grosseur des cônes; les houblons fins sont petits et plus chargés de lupuline; le développement des parties ligneuses du cône semble se faire aux dépens de la lupuline.

3. Climat.

— Le houblon est difficile sous le rapport du climat. Il préfère un climat tempéré, plutôt humide, mais sans exagération : il ne craint pas les hivers froids, mais il aime les étés chauds, à la condition, cependant, que la chaleur soit graduelle jusqu'à sa maturité. Au mois d'août, surtout, époque de sa floraison, il lui faut un temps normal et chaud.

Son exposition de prédilection est au sud sur le penchant des collines qui l'abritent du froid, ou dans les vallées larges et chaudes, dirigées au sud-est ou au sud-ouest. Il prospère mal dans les vallées étroites, où il manque d'air et de lumière, où il est exposé à une trop forte chaleur ou à des brouillards. En plaine, il donne des produits de peu de valeur.

La zone de culture, en Europe, est comprise entre le 45ᵉ et le 55ᵉ degré de latitude nord, mais il peut être cultivé au delà de ces limites, avec des qualités différentes. En somme, il peut être cultivé partout, sauf à l'extrême Nord, où le froid contrarierait sa végétation et à l'extrême Sud, où la sécheresse le ferait avorter. Sa hauteur de culture est de 500 à 600 mètres.

4. Conditions de développement. — *Air et lumière.*

— Il faut au houblon beaucoup d'air et de lumière. Il ne vient pas à l'ombre. C'est pourquoi, dans les plantations, on donne aux pieds et aux lignes un écartement suffisant pour que l'air y circule partout librement et que le soleil en éclaire toutes les parties. L'écartement doit être d'autant plus grand que le houblon pousse plus touffu (12).

Dans le voisinage trop rapproché des montagnes, le houblon est rude et grossier.

Eau. — Le houblon, qui croît avec rapidité et à une grande hauteur, a besoin d'eau, surtout au moment de sa croissance, en mai et juin. Dans les années sèches, sa végétation s'arrête avant qu'il ait atteint l'extrémité de son support et la récolte avorte en partie. Mais un excès d'eau lui est nuisible, et, dans les années pluvieuses, il pousse avec exubérance en bois et en feuilles, au détriment des cônes qui, en outre. sont exposés aux moisissures.

Il vient mal dans les terrains trop perméables. qui ne gardent pas assez d'humidité ; les racines pourrissent dans les sols trop compacts et trop humides (*Chimie Agricole*, p. 63-64. — *Encyclopédie des connaissances agricoles*).

Le voisinage des petits cours d'eau ne lui est pas nuisible, au contraire. mais celui des cours d'eau d'une grande étendue lui est plutôt défavorable. si les houblonnières en sont trop rapprochées, à cause des brouillards qu'ils produisent et des variations de température qu'ils occasionnent.

Sol. — Le houblon est moins sensible à la nature du terrain qu'au climat. Il réussit dans des sols de constitution assez variée et de richesse différente en éléments fertilisants. Il préfère les sols silico-argileux, calcaires, de consistance moyenne. mais il vient bien aussi dans les terres argilo-sablonneuses quand elles reposent sur un sous-sol perméable et modérément frais. Seulement dans les terrains de composition extrême. trop argileux, trop calcaires, acides ou tourbeux, il vient mal et donne de maigres produits, grossiers et sans consistance [1].

Il faut, en tout cas, que le sol soit bien ameubli, ainsi que le sous-sol, à une assez grande profondeur pour permettre le développement facile des radicelles et assez perméable pour que l'eau n'y séjourne pas. tout en gardant une dose suffisante d'humidité.

5. Multiplication du houblon. — Le houblon se multiplie par boutures ou éclats de pieds (fig. 7). Au moment de la taille (18), on choisit les plus beaux pieds et on coupe la partie supérieure de la souche, en enlevant de 5 à 8 yeux. C'est cette bouture; conservée dans l'eau jusqu'au moment de son emploi, qui est mise en terre au moment de la plantation (14). Elle ne tarde pas à prendre racine et à émettre des jets qui sont les tiges futures.

Fig. 7.

BOUTURE
NON ENRACINÉE.

On multiplie peu le houblon par semis, si ce n'est dans les stations d'essais. Mais il est avantageux de procéder par *boutures enracinées* ou *provins* (fig. 8). Si on prévoit assez à temps une nouvelle plantation. les boutures sont mises en pépinière dans un sol un peu humide. Elles reprennent racines et. un an après. elles peuvent être transplantées avec leurs racines.

---

1. Voir *Chimie Agricole*. p. 52 et suiv.

Dans ces conditions, les replants donnent une récolte abondante dès la première année (15).

6. Engrais.

— Le houblon, plante grimpante, à sarments assez forts et feuillue, durant longtemps sur le même sol, a besoin d'engrais, moins, cependant, que ne pourrait le faire penser sa haute végétation.

Mais une fumure rationnelle n'en a pas moins une grande importance sur les qualités et le rendement du houblon.

Exigences du houblon. — On trouve, en moyenne, dans un pied de houblon arrivé à complète maturité, tige, feuilles et cônes :

Azote	20 à 25 grammes.
Acide phosphorique	8 à 10 —
Potasse	25 à 30 —

Ce qui veut dire que la terre doit fournir au houblon, par hectare, en supposant une plantation de 2500 pieds (12) :

Azote	50 à 63 kilogrammes.
Acide phosphorique	20 à 25 —
Potasse	60 à 75 —

Ces chiffres ne sont qu'une moyenne, qui peut varier dans des proportions assez sensibles, suivant la nature du sol (*Chimie Agricole*, chapitre XIII), mais, aussi, suivant le nombre de pieds à l'hectare (12), le nombre de sarments conservés à chaque pied (18) et la nature du houblon. Certains houblons donnent une partie de fleurs pour quatre parties de matière verte (tiges et feuilles) et demandent moins d'engrais ; tandis que d'autres peuvent fournir jusqu'à 10 parties de matière verte contre une partie de cônes et absorberont naturellement plus de principes.

Influence des éléments fertilisants. — On trouve encore dans le houblon de la chaux (principalement dans la tige), un peu de soude, de magnésie, de silice, de fer, etc., mais ces éléments n'ont qu'une importance secondaire, et les principes fertilisants

FIG. 5. — BOUTURE ENRACINÉE.

utiles et indispensables sont l'*Azote*, l'*Acide phosphorique* et la

Potasse. Ils se répartissent à peu près ainsi dans les parties de la plante :

	Cônes.	Feuilles.	Tiges.
Azote	10 %	50 %	40 %
Acide phosphorique	25 %	40 %	35 %
Potasse	25 %	35 %	40 %

Ce qui indique qu'ils ont une influence différente sur chacune des parties.

1° *L'azote* pousse à une exubérance des tiges et surtout des feuilles, au détriment de la valeur des cônes. Aussi, doit-on éviter de donner un engrais trop azoté.

Un excès d'azote se traduit par un développement anormal des feuilles. qui deviennent de dimensions énormes et prennent une coloration vert-sombre d'autant plus accentuée que l'azote est en plus grande quantité. Les cônes sont moins nombreux, plus gros et de moins bonne qualité; la qualité des cônes de houblon est ordinairement en raison inverse de leur grosseur; les petits cônes ont généralement plus de lupuline.

2° *L'acide phosphorique* agit à la fois sur la partie verte et sur les fleurs, dont il favorise la formation et la maturité. Un excès n'est pas nuisible, et il corrige l'influence trop énergique de l'azote.

3° *La potasse* paraît jouer le rôle principal dans le développement des qualités du houblon. Elle est particulièrement propice à l'évolution normale des cônes et à l'élaboration de leurs principes utiles.

L'analyse a prouvé que pendant la maturation des cônes, l'*azote* et l'*acide phosphorique* diminuent peu à peu, tandis que la *potasse* augmente et se concentre dans la *lupuline* (1). Il semble donc que la potasse ait une action dominante sur la lupuline et des expériences ont démontré, en effet. que dans les terres qui manquent de sels potassiques, on n'obtient qu'un houblon de qualité inférieure.

Les différents engrais à employer. — L'engrais peut être donné à l'état de fumier ou sous la forme d'engrais chimiques.

7. Fumier. — Le fumier constitue le meilleur engrais, non seulement parce qu'il contient tous les éléments nécessaires au houblon, mais encore parce qu'il entretient la richesse de la terre en *humus*. En outre, il ameublit le sol et facilite la pénétration de l'air.

1000 kilogrammes de fumier contiennent environ (*Chimie Agricole*. p. 83) :

    4 à 5 kilogrammes d'azote.
    2 à 3   —   d'acide phosphorique.
    4 à 5   —   de potasse.

c'est-à-dire les principes fertilisants du houblon et dans la proportion où on les rencontre dans la plante, avec, seulement, un excès d'acide phosphorique.

D'après ces chiffres, il faudra employer de 5 à 6 kilogrammes de fumier par pied, qui donneront :

Azote . . . . 20 à 30 grammes.
Acide phosphorique . . . . 10 à 18   —
Potasse . . . . 20 à 30   —

Soit 12.500 à 15.000 kilogrammes par hectare de 2500 pieds.

Le fumier se répand à l'automne et s'enterre le plus tôt possible, avec le premier labour (16).

Purin. — Le purin donne d'excellents résultats. Sa richesse en potasse (2 pour 1000) et la faible quantité d'azote qu'il contient (0.5 pour 1000) le rendent particulièrement favorable à la floraison. On l'emploie, comme supplément d'engrais, au moment de la formation des cônes, à la dose de 4 à 5 litres par pied, étendus d'eau, que l'on répand en couronne à quelque distance du pied. Il offre un autre avantage, c'est d'entretenir l'humidité du pied, à une époque (juillet, août) où la chaleur et la sécheresse sont plus grandes (20).

8. Engrais chimiques. — Les engrais chimiques conviennent très bien dans les houblonnières, et les chiffres que nous avons donnés plus haut des exigences du houblon (6) permettent de les doser d'après le nombre de pieds et le titrage des engrais.

Engrais azotés. — *Nitrate de soude*. — Le nitrate de soude a l'inconvénient de se solubiliser très rapidement, de se perdre en partie et de donner au houblon, en raison de sa grande solubilité, une végétation trop forte. Son action est donc rapide et peu persistante. Or, le houblon prend lentement sa nourriture, augmentant progressivement sa consommation au fur et à mesure de sa croissance. Aussi, a-t-on l'habitude de donner le nitrate de soude en deux fois et même, de préférence, en trois fois. On répand la première dose au printemps (en mai) et la seconde à la fin de juin ou au commencement de juillet (19). On réserve la troisième en cas de besoin, si la plante paraît souffrir du manque d'azote, ou bien présente les caractères d'une maladie. Mais si la végétation est vigoureuse et active, si les feuilles montrent une belle coloration, si aucune maladie n'attaque les pieds, la troisième dose devient inutile ou peut être diminuée. On évite ainsi l'excès d'azote, toujours dangereux, et on le dose mieux suivant les besoins de la plante.

Sulfate d'ammoniaque. — Le sulfate d'ammoniaque a une action moins subite et plus persistante, mais il a quelquefois le défaut d'une nutrition pas assez rapide. Le meilleur résultat est obtenu en donnant en même temps, le nitrate de soude et le sulfate d'ammoniaque, le premier activant la végétation, le second l'entretenant.

D'une façon générale, le nitrate de soude donne plus de cônes; le sulfate d'ammoniaque des cônes mieux développés, plus lourds et plus compacts.

Engrais phosphatés. — On demande l'*acide phosphorique* aux *superphosphates* ou aux *scories de déphosphoration*, dont le contenu en chaux exerce la plus heureuse influence sur la formation des tiges. On répand les engrais phosphatés à l'automne, au moment du premier labour (16).

Engrais potassiques. — Les engrais potassiques employés sont : le *chlorure de potassium*, le *sulfate de potasse* et la *kaïnite*. On doit les choisir très purs et ne contenant pas surtout de chlorure de sodium, dont la présence est plutôt nuisible au houblon. On les apporte dans les houblonnières en automne, en même temps que les engrais phosphatés et on les enterre par le labour (16).

9. Engrais organiques. — *Composts*. — Les engrais organiques, matières fécales, guanos, tourteaux, etc., sont peu utilisés dans la fumure du houblon, parce qu'ils sont généralement riches en azote et pauvres en potasse. Cependant, les *radicelles d'orge* ou *touraillons*, plus riches en potasse, donnent de bons résultats.

Mais, ce qui réussit, ce sont les *composts* (*Chimie Agricole*, p. 74 et 131), à condition qu'ils contiennent tous les éléments fertilisants du houblon. En y introduisant des chiffons de laine, de la poudre d'os, des cendres, de la tourbe, des radicelles, etc., et en les arrosant avec du *purin*, on obtient un engrais complet, rapidement assimilable et d'une grande utilité.

Les composts doivent être formés pour les deux tiers de matières terreuses et appropriés à la nature du sol.

Pour les sols sableux et légers on les composera avec des terres argileuses qui donneront au sol plus de consistance; pour les terres fortes et argileuses, on les mélangera de marnes sablonneuses ou calcaires.

On met les composts en automne ou au printemps, après la taille (18) autour des pieds, on les enterre à la bêche et on les recouvre de terre. Les pieds malades, ceux dont la végétation est en retard, languit, sont améliorés par l'apport d'un compost aux racines.

La meilleure fumure consiste en fumier apporté dans la houblonnière tous les deux ans et alternée avec des engrais chimiques.

CHAPITRE II

PLANTATION D'UNE HOUBLONNIÈRE

10. Assolement. — Le meilleur assolement d'une houblonnière est une luzerne, qu'on enterre profondément l'année qui précède la plantation.

11. Préparation du sol. — Le terrain choisi doit être profondément ameubli et engraissé.

A l'automne (novembre), on apporte les engrais, déterminés par la nature du sol et le nombre de pieds que l'on doit planter, fumier, sulfate de potasse, superphosphates, et on donne un labour avec une charrue fouilleuse. Ce labour doit être profond, parce que les racines du houblon pénètrent très avant dans le sol, o m. 80 à 1 mètre de profondeur. Il doit être exécuté de telle sorte que la terre du dessus, plus riche, soit mise au fond et celle du fond ramenée à la surface, où elle sera amendée par les engrais futurs.

La terre passe l'hiver en billons: le terrain se réassoit et s'ameublit par les gelées. On aplanit au printemps, à la herse.

12. Tracé de la houblonnière. — Au printemps, on fait le tracé de la houblonnière. Au moyen de cordeaux, on établit la direction des lignes et on indique par des piquets l'emplacement que doit occuper chaque pied.

Écartement des lignes et des pieds. — L'écartement des lignes et des pieds peut varier de 1 m. 40 à 2 mètres; il peut donc y avoir de 2500 à 7000 pieds à l'hectare. Cela dépend du climat, mais surtout de la nature du houblon. Avec un houblon exubérant, donnant un feuillage abondant, l'écartement doit être plus grand. Il ne faut pas oublier que le houblon a besoin de beaucoup d'air et de lumière (1). L'écartement le plus ordinaire est de 1 m. 70 à 1 m. 80. On peut, suivant l'exposition, et surtout avec les supports en fils de fer (14), donner aux lignes la distance maximum et rapprocher davantage les pieds le long des lignes, ce qui facilite le travail du sol à la charrue.

Les pieds se disposent en *carré* ou en *quinconce*.

Les racines du houblon s'étendant assez loin horizontalement et pouvant pénétrer dans les champs voisins, il faut avoir soin de planter les rangs du bord à une certaine distance de la raie du champ, o m. 50 à o m. 75.

13. Plantation. — La plantation se fait en avril. A chaque

place que doit occuper un pied, on creuse un trou de o m. 30
o m. 40 de profondeur et d'environ o m. 30 de diamètre. Dans
e fond du trou, on met, sur une hauteur de o m. 10 environ,
du fumier consommé ou du compost (9) : on recouvre d'un peu
de terre pour que la bouture n'ait pas son extrémité supérieure
à plus de o m. 10 à o m. 15 de la surface du sol. La bouture,
tenue de la main gauche, est placée, bien verticale et les yeux
en haut, au centre du trou : de la main droite, on ramène la
terre autour, on tasse légèrement et on recouvre d'une petite
butte de quelques centimètres.

Quelques semaines après, quand les rejets sont sortis de
terre, on remplace les pieds qui n'ont pas pris par d'autres boutures et on pose les supports.

On doit choisir des replants très sains et provenant d'une houblonnière en
plein rapport. Ils doivent avoir o m. 10 de longueur et une épaisseur de
o m. 015 à o m. 020. On les met tremper quelque temps avant de les employer.
Il est bon de s'en procurer plus qu'il n'en est besoin ; le surplus est mis en
pépinière et sert à remplacer les pieds qui ne reprennent pas.

FIG. 9. — HOUBLONNIÈRE SUR PERCHES.

14. Supports. — Les supports sont de deux sortes : des
perches ou des *fils de fer*.

Perches (fig. 9). — Ces perches ont une hauteur de 6 à
11 mètres, suivant la nature du houblon et son développement
ordinaire, plus basses pour le houblon hâtif, plus hautes pour

le houblon tardif. et un diamètre à la base de 0 m. 08 à 0 m. 10.
On les choisit, de préférence, en bois d'essence résineuse, pins.
sapins. mélèzes, mais on peut employer tout autre bois. L'essentiel, c'est qu'elles soient bien droites. soigneusement écorcées, sans fentes, et résistantes.

La base. épointée, est solidement enfoncée dans le sol. On

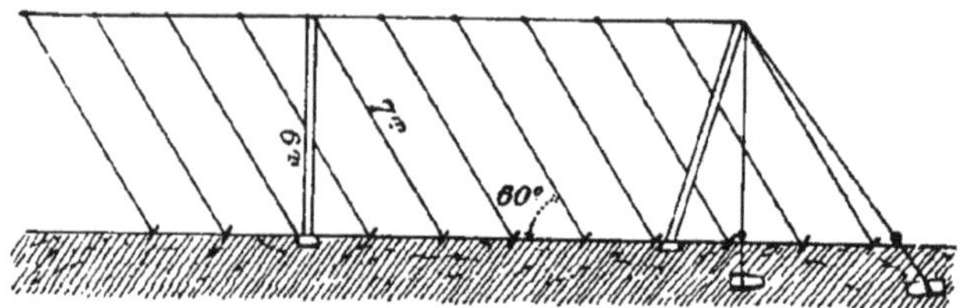

Fig. 10. — Installation des fils de fer.

les place à quelque distance du pied, pour ne pas gêner ou
endommager les racines, et quand les sarments sont assez
longs. on les amène au bas de la perche. où on commence à les
enrouler (10).

Les perches ont l'inconvénient d'être coûteuses, de ne pas résister aux
vents violents, de donner plus d'ombre. de nécessiter un travail assez long

Fig. 11. — Houblonnière sur fils de fer.

et pénible pour les enlever à l'automne après la récolte et les replacer au
printemps. A cause de leur épaisseur à la base. le houblon ne s'y enroule
pas tout seul. En outre, le bois, avec ses fentes et ses trous, est un réceptacle ou les insectes ravageurs du houblon déposent leurs œufs ou leurs
larves.

Fils de fer (Fig. 10). — Pour l'installation sur fil de fer, on plante, aux extrémités de chaque ligne, des poteaux de 7 à 8 mètres de hauteur et o m. 12 environ de diamètre. Ces poteaux, pour offrir plus de résistance, sont inclinés du côté extérieur du champ. Puis, au sommet des poteaux, on fixe, aux moyen d'attaches, des fils de fer galvanisés, solides (nᵒˢ 20 ou 21), dont les extrémités sont fortement ancrées dans le sol, au pied du poteau et dont la tension est obtenue à l'aide de raidisseurs. Chaque fil, allant ainsi d'une extrémité du champ à l'autre, marque donc le tracé d'une ligne. Ils sont supportés dans l'intervalle par d'autres poteaux droits, espacés environ de dix en dix mètres. D'autre part, auprès de chaque pied, on attache solidement, à un piquet fixé dans le sol, un fil de fer qu'on élève verticalement, ou, de préférence, obliquement, sous un angle de 60°, et dont l'extrémité vient s'attacher au fil horizontal. C'est ce fil, vertical ou oblique, qui servira de support au houblon qui s'y enroulera librement (fig. 11).

Les fils de fer, installés à demeure et moins coûteux, tendent de plus en plus à se substituer aux perches, dont ils suppriment le travail de pose et d'arrachage, ce qui permet de rapprocher davantage les lignes et d'augmenter le nombre de pieds à l'hectare. Le travail et l'entretien de la houblonnière sont facilités par ce fait que la plante s'enroule d'elle-même à son support, sans qu'il soit nécessaire de la guider et de la lier. Le pincement, l'écimage (20), la cueillette (23) sont rendus plus commodes. Les fils de fer durent plus longtemps, résistent mieux au vent que les perches et, en cas d'accident, sont plus faciles et moins onéreux à réparer. Enfin, le houblon sur fil est mieux aéré et moins exposé aux maladies.

15. Soins la première année. — Le houblon n'est en plein rapport qu'au bout de deux ans et ne donne, la première année, qu'une maigre récolte, à moins qu'on ait utilisé des boutures enracinées (5).

On se contente d'entretenir la terre propre, en faisant quelques binages, et pour compenser le faible rendement, on plante des légumes entre les lignes.

Bien que le houblon ne s'élève pas très haut la première année et ne donne qu'une récolte médiocre, il faut, néanmoins, lui donner des supports. On se contente de petits tuteurs quelconque ou, à leur défaut, on attache les tiges d'un même pied les unes aux autres, en les enroulant autour d'elles-mêmes. On peut mieux ainsi entretenir le sol en bon état et cultiver entre les lignes.

CHAPITRE III

CULTURE ANNUELLE

La culture annuelle peut se diviser en *travaux d'automne et d'hiver, travaux de printemps et travaux d'été.*

16. Travaux d'automne et d'hiver. — En automne, octobre ou novembre, on répand les engrais minéraux, phosphatés et potassiques (8), puis on donne un profond labour. Ce labour, qui doit se faire avant les gelées, s'exécute entre les lignes et de façon à ramener la terre sur les pieds, afin d'éloigner des racines les eaux de pluie ou de fonte des neiges. En janvier ou février, on commence à apporter le fumier, qu'on dispose en tas dans la houblonnière et qu'on recouvre de terre.

17. Travaux de printemps. — Dès que la terre peut être travaillée, en mars ou avril, on procède à un nouveau labour, moins profond, et qu'on exécute cette fois dans les deux sens, en longueur et en largeur, de façon à butter les pieds. La terre qui recouvre les pieds est ensuite travaillée à la *houe*.

Puis on exécute la *taille*.

18. Taille. — La racine du houblon produit beaucoup plus de pousses qu'elle n'en peut nourrir. Comme, d'autre part, on ne doit garder que 3 ou 4 sarments, il est donc nécessaire de supprimer le superflu. C'est le but de la taille (fig. 12), qui se pratique dans le courant d'avril, quand les bourgeons commencent à paraître sur la souche.

On choisit de préférence un temps sec pour ce travail. On déchausse les pieds, de façon à mettre à nu la souche et les radicelles, puis, avec un couteau bien aiguisé, on coupe rapidement et bien régulièrement les bouts de tiges issus l'année précédente de la vieille souche, en laissant seulement 6 à 9 yeux.

La taille étant une opération qui demande du temps et qui doit se faire au moment propice, dans les grandes exploitations on la fait en partie en automne (23), avant la fumure et le labour d'hiver, dans le courant de novembre. En ce cas, la souche taillée doit être recouverte d'une couche de terre assez épaisse pour empêcher l'action du froid sur la blessure.

On profite de la taille pour nettoyer le pied, enlever les *drageons*, ou racines supérieures inutiles, qui produisent des sarments qui vont sortir plus loin, ou *gourmands*; pour couper les racines pourries ou endommagées, pour détruire les œufs ou les larves d'insectes.

On recouvre ensuite de terre. On plante alors les perches, ou bien on fait aux fils de fer les réparations nécessaires (14).

Choix des sarments. — La souche donne autant de pousses qu'on a laissé d'yeux. On conserve ordinairement trois sarments par pied, quelquefois deux, avec un houblon très luxuriant, quelquefois quatre et même cinq avec certaines variétés. Quand ils sont bien sortis de terre, en mai, et déjà assez forts, on choisit les plus vigoureux et on coupe les autres au ras de terre.

On continue, du reste, à enlever toutes les pousses superflues, les *gourmands*, qui peuvent émerger plus tard.

19. Accolage des tiges. —

Quand les sarments conservés sont assez longs, on les conduit au support où on les enroule. Sur perches, il faut les diriger presque tous les jours, jusqu'à ce qu'ils aient atteint les parties plus étroites de la perche ; sur fil, ils s'enroulent d'eux-mêmes dès qu'on leur a donné la direction, qui est de gauche à droite. On accole au support avec des liens en paille ou en jonc mouillés qu'on attache sous les entre-feuilles.

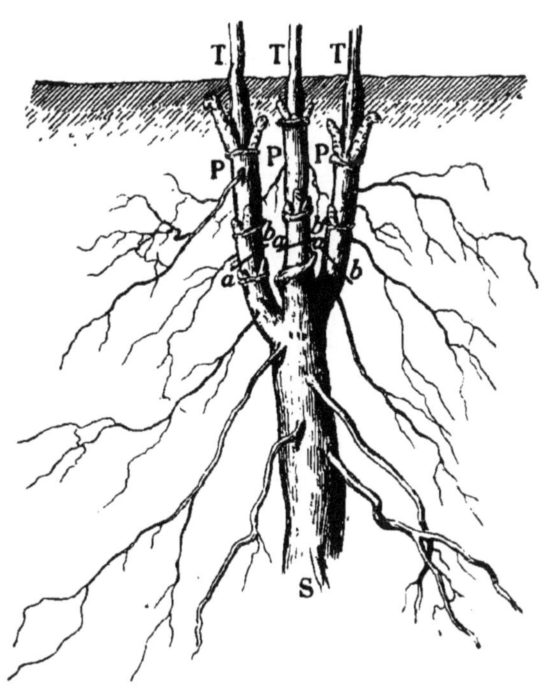

FIG. 12.

RACINE DE HOUBLON A L'ÉPOQUE DE LA TAILLE.

S, *vieille souche*; T, *sarments desséchés de l'année précédente*: P, *pousses de l'année*; a, b. *points de coupe des pousses.*

Sur *perches*, il faut lier jusqu'à ce que le houblon s'enroule de lui-même. Sur *fils*, la plante étreint le support assez vigoureusement pour n'avoir pas besoin de liens.

Les sarments se cramponnent au support au moyen de petits crochets très

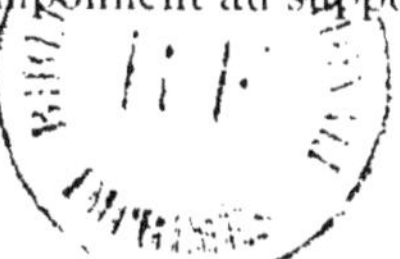

2

lins qui sont disposés sur la surface des tiges en 6 lignes contournées en spirales. Les sarments s'enroulent en suivant la marche du soleil, de gauche à droite en regardant le sud; c'est-à-dire que, inclinés le matin vers l'est, ils se dirigent ensuite vers l'ouest en passant au sud du support, pour revenir la nuit vers l'est en passant au nord. Il faut avoir soin de ne pas contrarier la direction naturelle de la plante.

Binages. — Après le premier liage, on répand le nitrate de soude (8) et on fait un premier binage (mai). Le second se donne en juin et le troisième en juillet.

Les binages (*Chimie Agricole*, p. 65) ameublissent la terre et conservent l'humidité en recouvrant les canaux capillaires par où l'eau se perd. En outre ils approprient le sol.

20. Travaux d'été.
— On continue pendant les mois d'été les soins que nous venons d'énumérer : *suppression des gourmands, accolage des tiges*, entretien du sol par des **binages** répétés si c'est nécessaire. En juillet, on donne la seconde dose de nitrate de soude et, au moment de la floraison, on arrose avec du purin (7).

Mais, d'autres opérations appellent l'attention du cultivateur, qui toutes ont pour but d'améliorer la récolte.

Rognure ou épamprement. — Dès que le houblon atteint 3 ou 4 mètres, on rogne tous les rameaux latéraux de la base, jusqu'à une hauteur de 1 m. 50 à 2 mètres, en ne laissant que les feuilles de la tige principale. Ces rameaux, qui poussent avec exubérance et donnent peu de fleurs, sont de véritables **gourmands**. Leur élaguage reporte la sève en plus grande abondance sur les rameaux supérieurs.

Pincement. — À la fin de juin, on pince l'extrémité des rameaux latéraux, jusqu'à une hauteur de quatre mètres environ. Le pincement refoule la sève dans les ramilles qui portent les fleurs.

Écimage. — Quand le houblon atteint et dépasse l'extrémité de son support, on écime la pointe. La sève, dont l'ascension est arrêtée, se répand dans les branches latérales, qui deviennent plus fortes et donnent plus de fleurs.

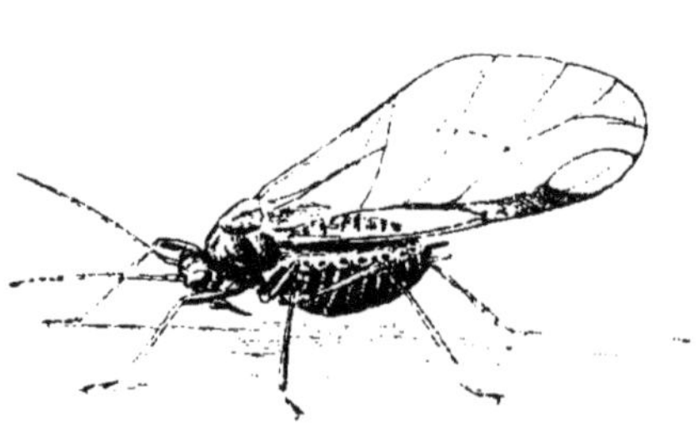

Fig. 13. — LA MOUCHE APHISE OU MOUCHE DU HOUBLON (grossie 10 fois).

Ennemis et maladies du houblon. — On fait la chasse aux insectes et on soigne les maladies de la plante. Les houblonnières sont, trop souvent, pendant l'été, ravagées par des maladies qui sont causées soit par des insectes, soit par des moisissures, soit par des conditions climatologiques mauvaises.

Insectes. — Parmi les insectes, nous citerons :

Le puceron, l'ennemi le plus redoutable des houblonnières, qui s'attaque aux feuilles, les ronge et dénude la plante. Les pucerons se propagent avec une rapidité inouïe, envahissent bientôt toute la houblonnière et même toute la région, dont la récolte est alors compromise. On les combat par des arrosages au jus de tabac.

Le puceron est issu de la mouche aphise ou mouche du houblon (*Aphis humuli*, fig. 13), qui vole au printemps et à l'automne, époque où elle s'accouple et dépose ses œufs qui éclosent au printemps.

L'altise ou *puce du houblon* et *l'araignée rouge*, sont également des

FIG. 14. — HÉPIALE DU HOUBLON.

insectes qui s'attaquent aux feuilles ; mais leur propagation étant [moins grande, ils causent moins de ravages.

Les *punaises* détruisent les bourgeons à mesure qu'ils se forment et se nourrissent aussi des jeunes feuilles encore tendres.

Le *ver blanc*, larve du *Hanneton*, la larve de l'*Hoplie*, de la même famille que le hanneton et celle du *Taupin*, sorte de scarabée, portent leurs dégâts sur les racines, qu'ils trouent et font périr. On les détruit au moment de la taille (18) et en faisant la chasse aux insectes parfaits.

Toutes les chenilles sont à redouter, mais nous citerons en particulier, comme très dangereuses, les chenilles du *Grand Paon de jour*, de la *Pyrale* et surtout de l'*Hépiale* (fig. 14), qui détruit les racines. Une houblonnière doit être soigneusement écheniliée.

Moisissures. — Deux moisissures se développent sur le houblon. L'une faisant un feutrage noir et désignée sous les noms de *noir, suie, charbon*; l'autre, plus dangereuse, formant un feutrage blanc d'abord, grisâtre ensuite et connue sous les noms de *blanc, nielle, rouille, oïdium du houblon*. Toutes deux envahissent les feuilles, puis les cônes qui ne tardent pas à perdre leurs qualités. On les détruit et on les prévient en saupoudrant la plante de soufre pulvérisé. L'humidité et les brouillards provoquent les moisissures.

Maladies. — Le *miellat* est caractérisé par une sorte de vernis sucré, noirâtre, qui recouvre la surface des feuilles et qui est le résultat d'une exsudation des feuilles, provoquée par les brusques changements de température. La feuille cesse de respirer librement et meurt. La pluie et par conséquent des arrosages arrêtent la maladie.

La *jaunisse* ou *chlorose* et la *rouille*, caractérisées par la coloration jaune ou rougeâtre des feuilles, sont des maladies dues en général à une sécheresse persistante, et contre lesquelles il n'y a pas de remèdes.

Accidents. — Les vents violents qui renversent les perches, cassent les sarments et froissent les cônes; la grêle, qui troue les feuilles, meurtrit les cônes ou les fait tomber, sont les accidents les plus dangereux.

Remèdes contre les accidents. — Les perches ou les fils abattus par le vent doivent être relevés aussitôt; on tâche, autant que possible, de réparer les perches brisées.

Quand un sarment est endommagé par la grêle au cours de la végétation, il faut couper la tige blessée au-dessus de deux paires de feuilles saines et enlever un des yeux formés à l'insertion de ces deux feuilles. L'autre bourgeon produira un rameau plus robuste qui pourra servir de tige principale. Pour lui donner plus de force, on effeuille la partie basse de la tige qui lui donne naissance et on détruit tous les autres bourgeons.

Provignage du houblon. — Lorsqu'un pied de houblon meurt pour une cause quelconque et qu'on ne peut y substituer un autre replant, on remplace le pied détruit au moyen du *recouchage* ou *provignage*. On prend à une souche voisine un ou deux sarments, que l'on couche dans la terre jusqu'à la place du pied mort et dont on fait ressortir l'extrémité près du support. Les tiges recouchées ne tardent pas, sous l'action de l'humidité, à émettre des racines dans l'intervalle. Quand l'enracinement est terminé, on coupe en arrière des racines, c'est-à-dire près du pied d'origine. Le nouveau pied vit alors par lui-même et il n'y a pas d'interruption.

Soins aux perches et aux poteaux. — Les perches sont enlevées après la cueillette et sont conservées l'hiver, dans le champ, en pyramides. Comme elles sont des agents de propagation de maladies (14), on doit prendre le soin de les nettoyer et désinfecter chaque année avant leur emploi. On les badigeonne avec de l'eau de chaux, de l'eau créosotée à 10 pour 100, ou du pétrole, on bouche les fentes avec du soufre, ou bien on les *flambe* en les passant dans un feu de paille.

Tous ces soins ont pour but de détruire les œufs ou les larves d'insectes qui ont pu trouver asile dans les fentes. Le bas des perches qui est enfoncée dans la terre, doit être sulfaté, ou passé au carbonyle ou au goudron.

Pour les mêmes raisons, on doit sulfater ou goudronner entièrement les poteaux de support des fils de fer, qui restent à demeure dans les houblonnières.

Enfin, comme moyen préventif des maladies, il faut tenir les houblonnières très propres, détruire toutes les mauvaises herbes et les brûler.

CHAPITRE IV

RÉCOLTE ET SÉCHAGE

21. Maturité. — Le houblon arrive à maturité d'août à septembre, suivant qu'il est hâtif, mi-hâtif ou tardif (2). Il doit être cueilli au moment précis, pour avoir toutes ses qualités.

Le houblon est *mûr* quand la couleur verte du cône (1) commence à tourner au jaune : quand, froissé entre les doigts, il fait entendre un bruissement qui indique un commencement de sécheresse.

Le houblon cueilli trop tôt est vert ; le houblon cueilli trop tard est rougeâtre.

22. Cueillette. — Pour cueillir le houblon, les perches, sorties de terre, sont inclinées vers le sol et appuyées sur des chevalets, ou bien les fils de fer verticaux sont détachés des fils horizontaux et descendus à terre avec précaution. On cueille alors les cônes un par un, en laissant environ un centimètre de pédoncule et en ayant soin de ne pas y mélanger de feuilles ou de fragments de tiges.

La récolte est mise dans des paniers ou dans des sacs et emportée au fur et à mesure à la ferme, où a lieu :

23. Le séchage du houblon. — Le houblon doit être séché aussitôt cueilli, parce que son humidité l'expose à l'échauffement et à une altération rapide. Il y a plusieurs systèmes de séchage.

1° *A l'air.* — Le houblon est étendu en couches minces sur des claies que l'on expose à l'air et toujours à l'ombre. Ce système, très long, est impraticable par les temps de pluie, ou même de brouillard.

2° *Sur les greniers.* — Le houblon est étendu sur le plancher même du grenier et on établit un courant d'air. Ce procédé, encore très long, abîme le houblon par les pelletages qu'il doit subir et occasionne une perte de lupuline qui reste sur le sol.

3° *Sur claies.* — Les claies sont des sortes de boîtes en bois de 3 à 4 centimètres de hauteur et dont le fond est constitué par un clayonnage en lattes ou en fil de fer. Le houblon y est

étendu en couche de 2 à 3 centimètres et les claies sont
suspendues dans le grenier les unes au-dessus des autres. On
établit un courant d'air et les couches de houblon, aérées en
dessus et en dessous, se sèchent assez rapidement et dans de
bonnes conditions.

4° *Par la chaleur.* — On se sert de tourailles, analogues aux
tourailles de brasserie (voir *Bière*, p. 11). C'est un bâti-
ment en forme de tour carrée, au rez-de-chaus-
sée duquel est établi un foyer. Au-dessus du
1ᵉʳ étage se trouve un pla-
teau constitué par un clayonnage en bois, ou une toile métal-
lique, ou bien encore une toile
en crin de cheval, et sur lequel le
houblon est étendu en couche
de 0 m. 20 à 0 m. 30 de hauteur. On chauffe lentement, pour
amener la tem-

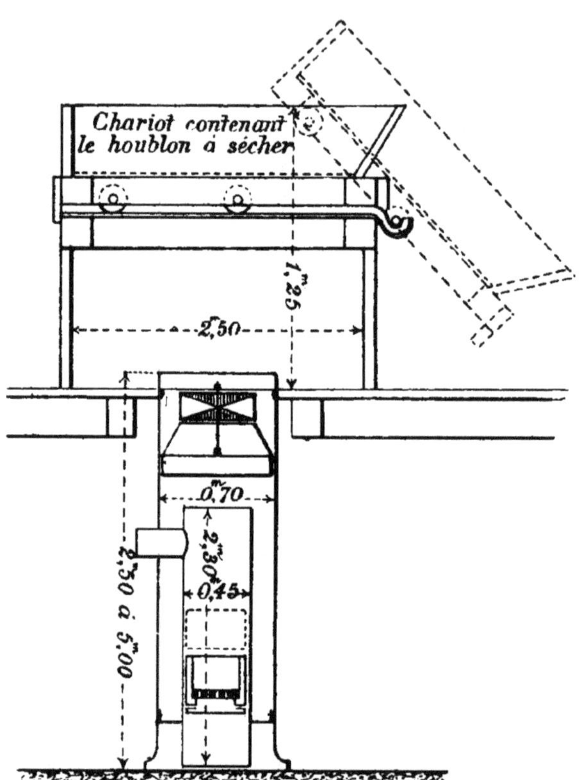

Fig. 15. — TOURAILLE A SÉCHER LE HOUBLON.

pérature de la couche de houblon à 25°, puis, quand il est
déjà un peu sec, à 35° ou 40°, pas plus. Des ouvertures, en
dessous du plateau, permettent d'amener de l'air froid et de
modérer l'intensité de la chaleur; d'autres ouvertures au-dessus
du plateau, entraînent la vapeur d'eau et établissent un tirage
La durée du séchage, dans de bonnes conditions, est de 6 à
8 heures.

Les tourailles sont à *feu direct* quand ce sont les gaz chauds eux-mêmes
du foyer qui traversent la couche de houblon; elles sont à *air chaud*, ou à
calorifère, quand le houblon est traversé seulement par de l'air qui s'est
échauffé au contact des tuyaux conduisant les gaz du foyer au dehors. Les
secondes sont préférables, les premières ayant le défaut de communiquer

souvent au houblon un goût de fumée très désagréable et d'altérer non seulement son arome, mais sa coloration. La touraille alsacienne, dont nous donnons le dessin (fig. 15) est une touraille à air chaud. D'une construction très simple, peu coûteuse, elle donne d'excellents résultats.

Elle convient dans les petites cultures. La touraille (fig. 16), est une touraille employée en Bohême, à plateaux multiples, superposés, permettant le séchage de grandes quantités de houblons. Un plateau de 4 mètres de longueur et 1 m. 30 de large peut donner, en vingt-quatre heures, un quintal (50 kilog.) de houblon sec.

24. Conservation du houblon.

— Le houblon, même bien séché, est très altérable. Au bout d'un an, il a perdu 80 pour 100 de sa valeur et celle-ci peut être compromise plus tôt, s'il est conservé dans de mauvaises conditions.'

On augmente sa conservation par :

Le soufrage. — Pour soufrer le houblon, on fait brûler du soufre en canon, soit pendant le séchage, soit à part, dans une touraille spéciale, de façon que les produits de la combustion viennent en contact avec les cônes. L'acide sulfureux qui se dégage se fixe dans leur intérieur et empêche l'action directe et trop rapide de l'air sur les principes utiles du houblon. Il faut de 1 à 4 kilogrammes de soufre par 100 kilogrammes de houblon.

Emballage. — *En toiles.* — Le houblon, séché et soufré, est logé

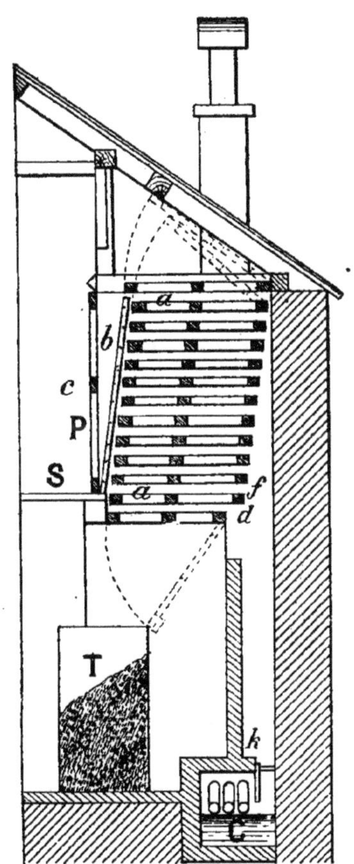

Fig. 16. — TOURAILLE BOHÉMIENNE.

a, *plateaux ou claies composées de cadres en bois recouverts de toile, mobiles autour d'un axe pour le chargement ou le déchargement ; c, calorifère ; k, canal d'air chaud ; P, porte de chargement donnant dans la chambre S ; T, trémie recevant le houblon séché.*

dans des toiles simples ou doubles, dans lesquelles il est fortement comprimé, au moyen de presses. Plus il est comprimé, mieux il se conserve. Les balles sont de 100 à 150 kilogrammes.

En cylindres. — Ce sont des cylindres en fer, dans lesquels le houblon est comprimé au moyen de presses hydrauliques et qui sont ensuite hermétiquement fermées par des couvercles boulonnés.

Conservation par le froid. — Le houblon, exposé au froid, garde plus longtemps ses qualités. Aussi, le conserve-t-on mieux en plaçant les balles ou les cylindres dans des locaux refroidis artificiellement et maintenus constamment à une température de 2 à 3 degrés au-dessus de zéro.

25. Habitudes commerciales. — Le houblon est ordinairement vendu par les planteurs à des intermédiaires qui sont les *marchands de houblon*. Ce sont eux qui font les emballages et qui emmagasinent les houblons qu'ils tiennent à la disposition des brasseurs. Le houblon se vend au quintal ordinaire et les prix s'entendent aux 50 kilogrammes ou à la livre.

26. Emploi des résidus du houblon. — Après la récolte, on coupe les sarments à fleur de terre. Les résidus n'ont pas d'emploi.

Les feuilles, très riches en matières azotées, grasses et minérales, constitueraient un excellent aliment vert, mais, au moment de la récolte, elles sont déjà en partie flétries et parfois malades.

Quelques cultivateurs en cueillent souvent pendant la végétation pour donner à leurs bestiaux. C'est un tort. En privant la plante d'une partie de son appareil respiratoire, ils risquent de compromettre la récolte.

Les sarments, riches aussi en azote et en substances minérales, pourraient être également employés dans la nourriture des animaux de la ferme, après avoir été séchés et broyés; mais le travail qu'exigerait cette préparation serait coûteux.

Les résidus seraient un très bon engrais pour la houblonnière même, malheureusement, ils sont, la plupart du temps, infestés par les nombreux parasites du houblon, œufs ou larves d'insectes, et on risque de propager des maladies qui éclosent au printemps.

Il faut, au contraire, éloigner tous les résidus de la houblonnière aussitôt après la récolte si on veut éviter la perpétuité des ennemis du houblon et des accidents qu'ils provoquent.

Le mieux, c'est de les brûler dans la houblonnière même, et d'en répandre les cendres qui l'enrichissent en matières minérales.

CHAPITRE V

LE HOUBLON CULTIVÉ POUR LA PRODUCTION DES JETS

27. Asperges de houblon. — On peut tirer du houblon un autre produit que les cônes destinés à la brasserie. Au moment de la taille, les rejetons peuvent être vendus soit comme replants, soit comme *asperges de houblon* et la culture pour la production des rejets seuls est une ressource agricole peu connue en France, mais assez répandue dans les grands pays houblonniers, en Allemagne et particulièrement en Belgique. Elle ne laisse pas que d'être suffisamment rémunératrice.

La souche du houblon est un rhizome, c'est-à-dire une racine moitié tige, moitié racine et qui émet, au printemps, des bourgeons qui présentent des écailles à la surface. Le nœud blanc qui se forme d'abord donne naissance à un rejeton en forme d'asperge. Cette tige future, blanchâtre, devient ligneuse et rougeâtre quand elle sort de terre, à l'air et à la lumière, puis, quand apparaissent les premières feuilles, reste rouge ou se colore en vert, suivant la variété du houblon, et durcit. Mais, aussi longtemps que le rejet reste sous le sol, il est blanc, légèrement jaunâtre, avec une pointe tendre comme celle de l'asperge et comestible sur une longuuur d'environ 4 cent. En cet état, les jeunes pousses constituent un légume agréable, parfumé, aussi délicat que l'asperge, qui s'assaisonne comme elle, et qui a, en outre, l'avantage de paraître sur le marché au moment où les légumes nouveaux sont encore rares.

L'asperge de houblon se cultive de préférence à part, en couche chaude. En automne, après la récolte des cônes, quand le sarment au-dessus de la terre est mort, la souche sous terre ne tarde pas à montrer des yeux qui se développeront très lentement pendant l'hiver et donneront les premiers rejetons du printemps. Quand on veut produire des asperges, on fait la taille en automne, de la même façon que la taille du printemps, en prenant les boutons supérieurs et en laissant les inférieurs. Ces boutures sont conservées en cave, dans de la terre. En décembre, on les plante en lignes, dans un sol léger, sablonneux, sur un lit de fumier modérément chaud, où elles reprennent racines. Au printemps, de bonne heure, en mars, on butte les pieds, non seulement pour protéger les jeunes pousses, mais pour permettre d'obtenir des asperges plus longues et plus tendres. La butte doit avoir 15 à 20 centimètres de hauteur et être constituée par de la terre très meuble et bien effritée. Quand une asperge paraît au ras de la butte, on déchausse avec précaution, en prenant garde de pas briser les autres rejetons, on coupe à une certaine longueur et on remet la terre en place. On continue ainsi jusqu'à ce que la souche ne donne plus rien.

Les pieds, conservés en terre, redonnent des asperges au printemps suivant.

La récolte se fait à l'époque de la taille (18), c'est-à-dire de mars à mai, et ces asperges de houblon peuvent se conserver au frais de 5 à 8 jours.

Un pied peut émettre jusqu'à 40 jets et même davantage, quand il est cultivé et engraissé à cet effet.

Cette culture, débarrassée des frais énormes d'emperchement, de cueillette, de séchage, etc., qui grèvent si lourdement le rapport des cônes, peut se faire sur une plus petite échelle. Elle convient à la petite culture maraîchère et peut laisser un bénéfice important.

Des essais faits par la Société de culture maraîchère de Saint-Nicolas (Belgique) dans une houblonnière d'expérience de 1 are, 70, ont donné les meilleurs résultats.

La récolte des jets s'est faite tous les 7 à 8 jours environ, pendant deux mois et a donné un total de 20 kgr, 060 d'asperges. La vente a produit 45 fr. 05 soit 26 fr. 50 par are, ou 2600 francs par hectare.

TABLE DES MATIÈRES

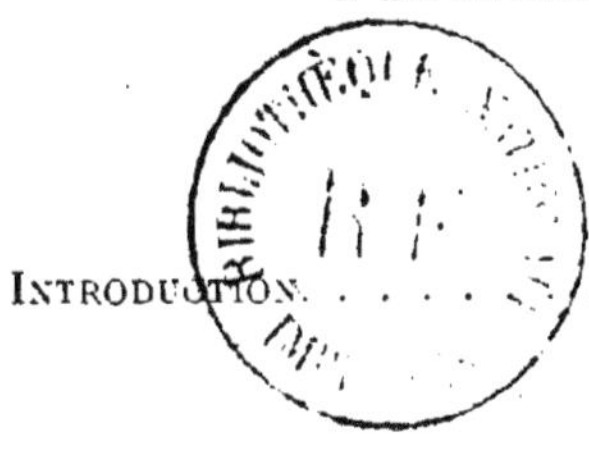

CHAPITRE I

Généralités.

CHAPITRE II

Plantation d'une houblonnière.

CHAPITRE III

Culture annuelle.

CHAPITRE IV

Récolte et Séchage.

CHAPITRE V

Le houblon cultivé pour la production des jets.

5773. — Imprimerie LAHURE, 9, rue de Fleurus, à Paris.

9 782329 317670